# 效率手册

Efficiency Manual

## 个人资料 Personal data

Name 姓名：______________________

Mobile phone 手机：______________________

E-mail 邮箱：______________________

Company name 公司名称：______________________

Company address 公司地址：______________________

新的一年

我在 ________________________________

希望我的 2024 是

________________________________

________________________________

保持热爱，

奔赴山海。

# 2024 年度愿望

虽说一沙一世界，一花一天堂，更何况世界不只是一沙一花，世界是多少多少奇妙的现象累积起来的。我看，我听，我的阅历就更丰富了。

——三毛

# 2024 年度愿望清单

## 职场 · 人际

- [ ] 
- [ ] 
- [ ] 
- [ ] 
- [ ] 
- [ ] 

## 认知 · 提升

- [ ] 
- [ ] 
- [ ] 
- [ ] 
- [ ] 
- [ ] 

## 生活·管理

- [ ] 
- [ ] 
- [ ] 
- [ ] 
- [ ] 
- [ ] 

## 旅游·休闲

- [ ] 
- [ ] 
- [ ] 
- [ ] 
- [ ] 
- [ ] 

# 2024 甲辰年

## 1月 JANUARY

| 一 | 二 | 三 | 四 | 五 | 六 | 日 |
|---|---|---|---|---|---|---|
| 1 元旦 | 2 廿一 | 3 廿二 | 4 廿三 | 5 廿四 | 6 小寒 | 7 廿六 |
| 8 廿七 | 9 廿八 | 10 廿九 | 11 腊月 | 12 初二 | 13 初三 | 14 初四 |
| 15 初五 | 16 初六 | 17 初七 | 18 腊八节 | 19 初九 | 20 大寒 | 21 十一 |
| 22 十二 | 23 十三 | 24 十四 | 25 十五 | 26 十六 | 27 十七 | 28 十八 |
| 29 十九 | 30 二十 | 31 廿一 | | | | |

## 2月 FEBRUARY

| 一 | 二 | 三 | 四 | 五 | 六 | 日 |
|---|---|---|---|---|---|---|
| | | | 1 廿二 | 2 廿三 | 3 廿四 | 4 立春 |
| 5 廿六 | 6 廿七 | 7 廿八 | 8 廿九 | 9 除夕 | 10 春节 | 11 初二 |
| 12 初三 | 13 初四 | 14 初五 | 15 初六 | 16 初七 | 17 初八 | 18 初九 |
| 19 雨水 | 20 十一 | 21 十二 | 22 十三 | 23 十四 | 24 元宵节 | 25 十六 |
| 26 十七 | 27 十八 | 28 十九 | 29 二十 | | | |

## 3月 MARCH

| 一 | 二 | 三 | 四 | 五 | 六 | 日 |
|---|---|---|---|---|---|---|
| | | | | 1 廿一 | 2 廿二 | 3 廿三 |
| 4 廿四 | 5 惊蛰 | 6 廿六 | 7 廿七 | 8 妇女节 | 9 廿九 | 10 二月 |
| 11 初二 | 12 植树节 | 13 初四 | 14 初五 | 15 初六 | 16 初七 | 17 初八 |
| 18 初九 | 19 初十 | 20 春分 | 21 十二 | 22 十三 | 23 十四 | 24 十五 |
| 25 十六 | 26 十七 | 27 十八 | 28 十九 | 29 二十 | 30 廿一 | 31 廿二 |

## 4月 APRIL

| 一 | 二 | 三 | 四 | 五 | 六 | 日 |
|---|---|---|---|---|---|---|
| 1 廿三 | 2 廿四 | 3 廿五 | 4 清明 | 5 廿七 | 6 廿八 | 7 廿九 |
| 8 三十 | 9 三月 | 10 初二 | 11 初三 | 12 初四 | 13 初五 | 14 初六 |
| 15 初七 | 16 初八 | 17 初九 | 18 初十 | 19 谷雨 | 20 十二 | 21 十三 |
| 22 十四 | 23 十五 | 24 十六 | 25 十七 | 26 十八 | 27 十九 | 28 二十 |
| 29 廿一 | 30 廿二 | | | | | |

## 5月 MAY

| 一 | 二 | 三 | 四 | 五 | 六 | 日 |
|---|---|---|---|---|---|---|
| | | 1 劳动节 | 2 廿四 | 3 廿五 | 4 青年节 | 5 立夏 |
| 6 廿八 | 7 廿九 | 8 四月 | 9 初二 | 10 初三 | 11 初四 | 12 母亲节 |
| 13 初六 | 14 初七 | 15 初八 | 16 初九 | 17 初十 | 18 十一 | 19 十二 |
| 20 小满 | 21 十四 | 22 十五 | 23 十六 | 24 十七 | 25 十八 | 26 十九 |
| 27 二十 | 28 廿一 | 29 廿二 | 30 廿三 | 31 廿四 | | |

## 6月 JUNE

| 一 | 二 | 三 | 四 | 五 | 六 | 日 |
|---|---|---|---|---|---|---|
| | | | | | 1 儿童节 | 2 廿六 |
| 3 廿七 | 4 廿八 | 5 芒种 | 6 五月 | 7 初二 | 8 初三 | 9 初四 |
| 10 端午节 | 11 初六 | 12 初七 | 13 初八 | 14 初九 | 15 初十 | 16 父亲节 |
| 17 十二 | 18 十三 | 19 十四 | 20 十五 | 21 夏至 | 22 十七 | 23 十八 |
| 24 十九 | 25 二十 | 26 廿一 | 27 廿二 | 28 廿三 | 29 廿四 | 30 廿五 |

## 7月 JULY

| 一 | 二 | 三 | 四 | 五 | 六 | 日 |
|---|---|---|---|---|---|---|
| 1 建党节 | 2 廿七 | 3 廿八 | 4 廿九 | 5 三十 | 6 小暑 | 7 初二 |
| 8 初三 | 9 初四 | 10 初五 | 11 初六 | 12 初七 | 13 初八 | 14 初九 |
| 15 初十 | 16 十一 | 17 十二 | 18 十三 | 19 十四 | 20 十五 | 21 十六 |
| 22 大暑 | 23 十八 | 24 十九 | 25 二十 | 26 廿一 | 27 廿二 | 28 廿三 |
| 29 廿四 | 30 廿五 | 31 廿六 | | | | |

## 8月 AUGUST

| 一 | 二 | 三 | 四 | 五 | 六 | 日 |
|---|---|---|---|---|---|---|
| | | | 1 建军节 | 2 廿八 | 3 廿九 | 4 七月 |
| 5 初二 | 6 初三 | 7 立秋 | 8 初五 | 9 初六 | 10 七夕节 | 11 初八 |
| 12 初九 | 13 初十 | 14 十一 | 15 十二 | 16 十三 | 17 十四 | 18 十五 |
| 19 十六 | 20 十七 | 21 十八 | 22 处暑 | 23 二十 | 24 廿一 | 25 廿二 |
| 26 廿三 | 27 廿四 | 28 廿五 | 29 廿六 | 30 廿七 | 31 廿八 | |

## 9月 SEPTEMBER

| 一 | 二 | 三 | 四 | 五 | 六 | 日 |
|---|---|---|---|---|---|---|
| | | | | | | 1 廿九 |
| 2 三十 | 3 八月 | 4 初二 | 5 初三 | 6 初四 | 7 白露 | 8 初六 |
| 9 初七 | 10 教师节 | 11 初九 | 12 初十 | 13 十一 | 14 十二 | 15 十三 |
| 16 十四 | 17 中秋节 | 18 十六 | 19 十七 | 20 十八 | 21 十九 | 22 秋分 |
| 23 廿一 | 24 廿二 | 25 廿三 | 26 廿四 | 27 廿五 | 28 廿六 | 29 廿七 |
| 30 廿八 | | | | | | |

## 10月 OCTOBER

| 一 | 二 | 三 | 四 | 五 | 六 | 日 |
|---|---|---|---|---|---|---|
| | 1 国庆节 | 2 三十 | 3 九月 | 4 初二 | 5 初三 | 6 初四 |
| 7 初五 | 8 寒露 | 9 初七 | 10 初八 | 11 重阳节 | 12 初十 | 13 十一 |
| 14 十二 | 15 十三 | 16 十四 | 17 十五 | 18 十六 | 19 十七 | 20 十八 |
| 21 十九 | 22 二十 | 23 霜降 | 24 廿二 | 25 廿三 | 26 廿四 | 27 廿五 |
| 28 廿六 | 29 廿七 | 30 廿八 | 31 廿九 | | | |

## 11月 NOVEMBER

| 一 | 二 | 三 | 四 | 五 | 六 | 日 |
|---|---|---|---|---|---|---|
| | | | | 1 十月 | 2 初二 | 3 初三 |
| 4 初四 | 5 初五 | 6 初六 | 7 立冬 | 8 初八 | 9 初九 | 10 初十 |
| 11 十一 | 12 十二 | 13 十三 | 14 十四 | 15 十五 | 16 十六 | 17 十七 |
| 18 十八 | 19 十九 | 20 二十 | 21 廿一 | 22 小雪 | 23 廿三 | 24 廿四 |
| 25 廿五 | 26 廿六 | 27 廿七 | 28 廿八 | 29 廿九 | 30 三十 | |

## 12月 DECEMBER

| 一 | 二 | 三 | 四 | 五 | 六 | 日 |
|---|---|---|---|---|---|---|
| | | | | | | 1 十一月 |
| 2 初二 | 3 初三 | 4 初四 | 5 初五 | 6 大雪 | 7 初七 | 8 初八 |
| 9 初九 | 10 初十 | 11 十一 | 12 十二 | 13 十三 | 14 十四 | 15 十五 |
| 16 十六 | 17 十七 | 18 十八 | 19 十九 | 20 二十 | 21 冬至 | 22 廿二 |
| 23 廿三 | 24 廿四 | 25 廿五 | 26 廿六 | 27 廿七 | 28 廿八 | 29 廿九 |
| 30 三十 | 31 腊月 | | | | | |

# 2025 乙巳年

## 1月 JANUARY

| 一 | 二 | 三 | 四 | 五 | 六 | 日 |
|---|---|---|---|---|---|---|
| | | 1 元旦 | 2 初三 | 3 初四 | 4 初五 | 5 小寒 |
| 6 初七 | 7 腊八节 | 8 初九 | 9 初十 | 10 十一 | 11 十二 | 12 十三 |
| 13 十四 | 14 十五 | 15 十六 | 16 十七 | 17 十八 | 18 十九 | 19 二十 |
| 20 大寒 | 21 廿二 | 22 廿三 | 23 廿四 | 24 廿五 | 25 廿六 | 26 廿七 |
| 27 廿八 | 28 除夕 | 29 春节 | 30 初二 | 31 初三 | | |

## 2月 FEBRUARY

| 一 | 二 | 三 | 四 | 五 | 六 | 日 |
|---|---|---|---|---|---|---|
| | | | | | 1 初四 | 2 初五 |
| 3 立春 | 4 初七 | 5 初八 | 6 初九 | 7 初十 | 8 十一 | 9 十二 |
| 10 十三 | 11 十四 | 12 元宵节 | 13 十六 | 14 十七 | 15 十八 | 16 十九 |
| 17 二十 | 18 雨水 | 19 廿二 | 20 廿三 | 21 廿四 | 22 廿五 | 23 廿六 |
| 24 廿七 | 25 廿八 | 26 廿九 | 27 三十 | 28 二月 | | |

## 3月 MARCH

| 一 | 二 | 三 | 四 | 五 | 六 | 日 |
|---|---|---|---|---|---|---|
| | | | | | 1 初二 | 2 初三 |
| 3 初四 | 4 初五 | 5 惊蛰 | 6 初七 | 7 初八 | 8 妇女节 | 9 初十 |
| 10 十一 | 11 十二 | 12 植树节 | 13 十四 | 14 十五 | 15 十六 | 16 十七 |
| 17 十八 | 18 十九 | 19 二十 | 20 春分 | 21 廿二 | 22 廿三 | 23 廿四 |
| 24 廿五 | 25 廿六 | 26 廿七 | 27 廿八 | 28 廿九 | 29 三月 | 30 初二 |
| 31 初三 | | | | | | |

## 4月 APRIL

| 一 | 二 | 三 | 四 | 五 | 六 | 日 |
|---|---|---|---|---|---|---|
| | 1 初四 | 2 初五 | 3 初六 | 4 清明 | 5 初八 | 6 初九 |
| 7 初十 | 8 十一 | 9 十二 | 10 十三 | 11 十四 | 12 十五 | 13 十六 |
| 14 十七 | 15 十八 | 16 十九 | 17 二十 | 18 廿 | 19 廿二 | 20 谷雨 |
| 21 廿四 | 22 廿五 | 23 廿六 | 24 廿七 | 25 廿八 | 26 廿九 | 27 三十 |
| 28 四月 | 29 初二 | 30 初三 | | | | |

## 5月 MAY

| 一 | 二 | 三 | 四 | 五 | 六 | 日 |
|---|---|---|---|---|---|---|
| | | | 1 劳动节 | 2 初五 | 3 初六 | 4 青年节 |
| 5 立夏 | 6 初九 | 7 初十 | 8 十一 | 9 十二 | 10 十三 | 11 母亲节 |
| 12 十五 | 13 十六 | 14 十七 | 15 十八 | 16 十九 | 17 二十 | 18 廿一 |
| 19 廿二 | 20 廿三 | 21 小满 | 22 廿五 | 23 廿六 | 24 廿七 | 25 廿八 |
| 26 廿九 | 27 五月 | 28 初二 | 29 初三 | 30 初四 | 31 端午节 | |

## 6月 JUNE

| 一 | 二 | 三 | 四 | 五 | 六 | 日 |
|---|---|---|---|---|---|---|
| | | | | | | 1 儿童节 |
| 2 初七 | 3 初八 | 4 初九 | 5 芒种 | 6 十一 | 7 十二 | 8 十三 |
| 9 十四 | 10 十五 | 11 十六 | 12 十七 | 13 十八 | 14 十九 | 15 父亲节 |
| 16 廿一 | 17 廿二 | 18 廿三 | 19 廿四 | 20 廿五 | 21 夏至 | 22 廿七 |
| 23 廿八 | 24 廿九 | 25 六月 | 26 初二 | 27 初三 | 28 初四 | 29 初五 |
| 30 初六 | | | | | | |

## 7月 JULY

| 一 | 二 | 三 | 四 | 五 | 六 | 日 |
|---|---|---|---|---|---|---|
| | 1 建党节 | 2 初八 | 3 初九 | 4 初十 | 5 十一 | 6 十二 |
| 7 小暑 | 8 十四 | 9 十五 | 10 十六 | 11 十七 | 12 十八 | 13 十九 |
| 14 二十 | 15 廿一 | 16 廿二 | 17 廿三 | 18 廿四 | 19 廿五 | 20 廿六 |
| 21 廿七 | 22 大暑 | 23 廿九 | 24 三十 | 25 闰六月 | 26 初二 | 27 初三 |
| 28 初四 | 29 初五 | 30 初六 | 31 初七 | | | |

## 8月 AUGUST

| 一 | 二 | 三 | 四 | 五 | 六 | 日 |
|---|---|---|---|---|---|---|
| | | | | 1 建军节 | 2 初九 | 3 初十 |
| 4 十一 | 5 十二 | 6 十三 | 7 立秋 | 8 十五 | 9 十六 | 10 十七 |
| 11 十八 | 12 十九 | 13 二十 | 14 廿一 | 15 廿二 | 16 廿三 | 17 廿四 |
| 18 廿五 | 19 廿六 | 20 廿七 | 21 廿八 | 22 廿九 | 23 处暑 | 24 初二 |
| 25 初三 | 26 初四 | 27 初五 | 28 初六 | 29 七夕节 | 30 初八 | 31 初九 |

## 9月 SEPTEMBER

| 一 | 二 | 三 | 四 | 五 | 六 | 日 |
|---|---|---|---|---|---|---|
| 1 初十 | 2 十一 | 3 十二 | 4 十三 | 5 十四 | 6 十五 | 7 白露 |
| 8 十七 | 9 十八 | 10 教师节 | 11 二十 | 12 廿一 | 13 廿二 | 14 廿三 |
| 15 廿四 | 16 廿五 | 17 廿六 | 18 廿七 | 19 廿八 | 20 廿九 | 21 三十 |
| 22 八月 | 23 秋分 | 24 初三 | 25 初四 | 26 初五 | 27 初六 | 28 初七 |
| 29 初八 | 30 初九 | | | | | |

## 10月 OCTOBER

| 一 | 二 | 三 | 四 | 五 | 六 | 日 |
|---|---|---|---|---|---|---|
| | | 1 国庆节 | 2 十一 | 3 十二 | 4 十三 | 5 十四 |
| 6 中秋节 | 7 十六 | 8 寒露 | 9 十八 | 10 十九 | 11 二十 | 12 廿一 |
| 13 廿二 | 14 廿三 | 15 廿四 | 16 廿五 | 17 廿六 | 18 廿七 | 19 廿八 |
| 20 廿九 | 21 九月 | 22 初二 | 23 霜降 | 24 初四 | 25 初五 | 26 初六 |
| 27 初七 | 28 初八 | 29 重阳节 | 30 初十 | 31 十一 | | |

## 11月 NOVEMBER

| 一 | 二 | 三 | 四 | 五 | 六 | 日 |
|---|---|---|---|---|---|---|
| | | | | | 1 十二 | 2 十三 |
| 3 十四 | 4 十五 | 5 十六 | 6 十七 | 7 立冬 | 8 十九 | 9 二十 |
| 10 廿一 | 11 廿二 | 12 廿三 | 13 廿四 | 14 廿五 | 15 廿六 | 16 廿七 |
| 17 廿八 | 18 廿九 | 19 三十 | 20 十月 | 21 初二 | 22 小雪 | 23 初四 |
| 24 初五 | 25 初六 | 26 初七 | 27 初八 | 28 初九 | 29 初十 | 30 十一 |

## 12月 DECEMBER

| 一 | 二 | 三 | 四 | 五 | 六 | 日 |
|---|---|---|---|---|---|---|
| 1 十二 | 2 十三 | 3 十四 | 4 十五 | 5 十六 | 6 十七 | 7 大雪 |
| 8 十九 | 9 二十 | 10 廿一 | 11 廿二 | 12 廿三 | 13 廿四 | 14 廿五 |
| 15 廿六 | 16 廿七 | 17 廿八 | 18 廿九 | 19 三十 | 20 十一月 | 21 冬至 |
| 22 初三 | 23 初四 | 24 初五 | 25 初六 | 26 初七 | 27 初八 | 28 初九 |
| 29 初十 | 30 十一 | 31 十二 | | | | |

## 2024 年度计划表

| 一月 | JANUARY | 二月 | FEBRUARY | 三月 | MARCH |
|---|---|---|---|---|---|
| 1 | 元旦 | 1 | 廿二 | 1 | 廿一 |
| 2 | 廿一 | 2 | 廿三 | 2 | 廿二 |
| 3 | 廿二 | 3 | 廿四 | 3 | 廿三 |
| 4 | 廿三 | 4 | 立春 | 4 | 廿四 |
| 5 | 廿四 | 5 | 廿六 | 5 | 惊蛰 |
| 6 | 小寒 | 6 | 廿七 | 6 | 廿六 |
| 7 | 廿六 | 7 | 廿八 | 7 | 廿七 |
| 8 | 廿七 | 8 | 廿九 | 8 | 妇女节 |
| 9 | 廿八 | 9 | 除夕 | 9 | 廿九 |
| 10 | 廿九 | 10 | 春节 | 10 | 二月 |
| 11 | 腊月 | 11 | 初二 | 11 | 初二 |
| 12 | 初二 | 12 | 初三 | 12 | 植树节 |
| 13 | 初三 | 13 | 初四 | 13 | 初四 |
| 14 | 初四 | 14 | 初五 | 14 | 初五 |
| 15 | 初五 | 15 | 初六 | 15 | 初六 |
| 16 | 初六 | 16 | 初七 | 16 | 初七 |
| 17 | 初七 | 17 | 初八 | 17 | 初八 |
| 18 | 腊八节 | 18 | 初九 | 18 | 初九 |
| 19 | 初九 | 19 | 雨水 | 19 | 初十 |
| 20 | 大寒 | 20 | 十一 | 20 | 春分 |
| 21 | 十一 | 21 | 十二 | 21 | 十二 |
| 22 | 十二 | 22 | 十三 | 22 | 十三 |
| 23 | 十三 | 23 | 十四 | 23 | 十四 |
| 24 | 十四 | 24 | 元宵节 | 24 | 十五 |
| 25 | 十五 | 25 | 十六 | 25 | 十六 |
| 26 | 十六 | 26 | 十七 | 26 | 十七 |
| 27 | 十七 | 27 | 十八 | 27 | 十八 |
| 28 | 十八 | 28 | 十九 | 28 | 十九 |
| 29 | 十九 | 29 | 二十 | 29 | 二十 |
| 30 | 二十 | | | 30 | 廿一 |
| 31 | 廿一 | | | 31 | 廿二 |

# Annual schedule

| 四月 | APRIL | 五月 | MAY | 六月 | JUNE |
|---|---|---|---|---|---|
| 1 | 廿三 | 1 | 劳动节 | 1 | 儿童节 |
| 2 | 廿四 | 2 | 廿四 | 2 | 廿六 |
| 3 | 廿五 | 3 | 廿五 | 3 | 廿七 |
| 4 | 清明 | 4 | 青年节 | 4 | 廿八 |
| 5 | 廿七 | 5 | 立夏 | 5 | 芒种 |
| 6 | 廿八 | 6 | 廿八 | 6 | 五月 |
| 7 | 廿九 | 7 | 廿九 | 7 | 初二 |
| 8 | 三十 | 8 | 四月 | 8 | 初三 |
| 9 | 三月 | 9 | 初二 | 9 | 初四 |
| 10 | 初二 | 10 | 初三 | 10 | 端午节 |
| 11 | 初三 | 11 | 初四 | 11 | 初六 |
| 12 | 初四 | 12 | 母亲节 | 12 | 初七 |
| 13 | 初五 | 13 | 初六 | 13 | 初八 |
| 14 | 初六 | 14 | 初七 | 14 | 初九 |
| 15 | 初七 | 15 | 初八 | 15 | 初十 |
| 16 | 初八 | 16 | 初九 | 16 | 父亲节 |
| 17 | 初九 | 17 | 初十 | 17 | 十二 |
| 18 | 初十 | 18 | 十一 | 18 | 十三 |
| 19 | 谷雨 | 19 | 十二 | 19 | 十四 |
| 20 | 十二 | 20 | 小满 | 20 | 十五 |
| 21 | 十三 | 21 | 十四 | 21 | 夏至 |
| 22 | 十四 | 22 | 十五 | 22 | 十七 |
| 23 | 十五 | 23 | 十六 | 23 | 十八 |
| 24 | 十六 | 24 | 十七 | 24 | 十九 |
| 25 | 十七 | 25 | 十八 | 25 | 二十 |
| 26 | 十八 | 26 | 十九 | 26 | 廿一 |
| 27 | 十九 | 27 | 二十 | 27 | 廿二 |
| 28 | 二十 | 28 | 廿一 | 28 | 廿三 |
| 29 | 廿一 | 29 | 廿二 | 29 | 廿四 |
| 30 | 廿二 | 30 | 廿三 | 30 | 廿五 |
| | | 31 | 廿四 | | |

# 2024 年度计划表

| 七月 | JULY | 八月 | AUGUST | 九月 | SEPTEMBER |
|---|---|---|---|---|---|
| 1 | 建党节 | 1 | 建军节 | 1 | 廿九 |
| 2 | 廿七 | 2 | 廿八 | 2 | 三十 |
| 3 | 廿八 | 3 | 廿九 | 3 | 八月 |
| 4 | 廿九 | 4 | 七月 | 4 | 初二 |
| 5 | 三十 | 5 | 初二 | 5 | 初三 |
| 6 | 小暑 | 6 | 初三 | 6 | 初四 |
| 7 | 初二 | 7 | 立秋 | 7 | 白露 |
| 8 | 初三 | 8 | 初五 | 8 | 初六 |
| 9 | 初四 | 9 | 初六 | 9 | 初七 |
| 10 | 初五 | 10 | 七夕节 | 10 | 教师节 |
| 11 | 初六 | 11 | 初八 | 11 | 初九 |
| 12 | 初七 | 12 | 初九 | 12 | 初十 |
| 13 | 初八 | 13 | 初十 | 13 | 十一 |
| 14 | 初九 | 14 | 十一 | 14 | 十二 |
| 15 | 初十 | 15 | 十二 | 15 | 十三 |
| 16 | 十一 | 16 | 十三 | 16 | 十四 |
| 17 | 十二 | 17 | 十四 | 17 | 中秋节 |
| 18 | 十三 | 18 | 十五 | 18 | 十六 |
| 19 | 十四 | 19 | 十六 | 19 | 十七 |
| 20 | 十五 | 20 | 十七 | 20 | 十八 |
| 21 | 十六 | 21 | 十八 | 21 | 十九 |
| 22 | 大暑 | 22 | 处暑 | 22 | 秋分 |
| 23 | 十八 | 23 | 二十 | 23 | 廿一 |
| 24 | 十九 | 24 | 廿一 | 24 | 廿二 |
| 25 | 二十 | 25 | 廿二 | 25 | 廿三 |
| 26 | 廿一 | 26 | 廿三 | 26 | 廿四 |
| 27 | 廿二 | 27 | 廿四 | 27 | 廿五 |
| 28 | 廿三 | 28 | 廿五 | 28 | 廿六 |
| 29 | 廿四 | 29 | 廿六 | 29 | 廿七 |
| 30 | 廿五 | 30 | 廿七 | 30 | 廿八 |
| 31 | 廿六 | 31 | 廿八 | | |

# Annual schedule

| 十月 | OCTOBER | 十一月 | NOVEMBER | 十二月 | DECEMBER |
|---|---|---|---|---|---|
| 1 | 国庆节 | 1 | 十月 | 1 | 十一月 |
| 2 | 三十 | 2 | 初二 | 2 | 初二 |
| 3 | 九月 | 3 | 初三 | 3 | 初三 |
| 4 | 初二 | 4 | 初四 | 4 | 初四 |
| 5 | 初三 | 5 | 初五 | 5 | 初五 |
| 6 | 初四 | 6 | 初六 | 6 | 大雪 |
| 7 | 初五 | 7 | 立冬 | 7 | 初七 |
| 8 | 寒露 | 8 | 初八 | 8 | 初八 |
| 9 | 初七 | 9 | 初九 | 9 | 初九 |
| 10 | 初八 | 10 | 初十 | 10 | 初十 |
| 11 | 重阳节 | 11 | 十一 | 11 | 十一 |
| 12 | 初十 | 12 | 十二 | 12 | 十二 |
| 13 | 十一 | 13 | 十三 | 13 | 十三 |
| 14 | 十二 | 14 | 十四 | 14 | 十四 |
| 15 | 十三 | 15 | 十五 | 15 | 十五 |
| 16 | 十四 | 16 | 十六 | 16 | 十六 |
| 17 | 十五 | 17 | 十七 | 17 | 十七 |
| 18 | 十六 | 18 | 十八 | 18 | 十八 |
| 19 | 十七 | 19 | 十九 | 19 | 十九 |
| 20 | 十八 | 20 | 二十 | 20 | 二十 |
| 21 | 十九 | 21 | 廿一 | 21 | 冬至 |
| 22 | 二十 | 22 | 小雪 | 22 | 廿二 |
| 23 | 霜降 | 23 | 廿三 | 23 | 廿三 |
| 24 | 廿二 | 24 | 廿四 | 24 | 廿四 |
| 25 | 廿三 | 25 | 廿五 | 25 | 廿五 |
| 26 | 廿四 | 26 | 廿六 | 26 | 廿六 |
| 27 | 廿五 | 27 | 廿七 | 27 | 廿七 |
| 28 | 廿六 | 28 | 廿八 | 28 | 廿八 |
| 29 | 廿七 | 29 | 廿九 | 29 | 廿九 |
| 30 | 廿八 | 30 | 三十 | 30 | 三十 |
| 31 | 廿九 | | | 31 | 腊月 |

# 2025 年度计划表

| 一月 | JANUARY | 二月 | FEBRUARY | 三月 | MARCH |
|---|---|---|---|---|---|
| 1 | 元旦 | 1 | 初四 | 1 | 初二 |
| 2 | 初三 | 2 | 初五 | 2 | 初三 |
| 3 | 初四 | 3 | 立春 | 3 | 初四 |
| 4 | 初五 | 4 | 初七 | 4 | 初五 |
| 5 | 小寒 | 5 | 初八 | 5 | 惊蛰 |
| 6 | 初七 | 6 | 初九 | 6 | 初七 |
| 7 | 腊八节 | 7 | 初十 | 7 | 初八 |
| 8 | 初九 | 8 | 十一 | 8 | 妇女节 |
| 9 | 初十 | 9 | 十二 | 9 | 初十 |
| 10 | 十一 | 10 | 十三 | 10 | 十一 |
| 11 | 十二 | 11 | 十四 | 11 | 十二 |
| 12 | 十三 | 12 | 元宵节 | 12 | 植树节 |
| 13 | 十四 | 13 | 十六 | 13 | 十四 |
| 14 | 十五 | 14 | 十七 | 14 | 十五 |
| 15 | 十六 | 15 | 十八 | 15 | 十六 |
| 16 | 十七 | 16 | 十九 | 16 | 十七 |
| 17 | 十八 | 17 | 二十 | 17 | 十八 |
| 18 | 十九 | 18 | 雨水 | 18 | 十九 |
| 19 | 二十 | 19 | 廿二 | 19 | 二十 |
| 20 | 大寒 | 20 | 廿三 | 20 | 春分 |
| 21 | 廿二 | 21 | 廿四 | 21 | 廿二 |
| 22 | 廿三 | 22 | 廿五 | 22 | 廿三 |
| 23 | 廿四 | 23 | 廿六 | 23 | 廿四 |
| 24 | 廿五 | 24 | 廿七 | 24 | 廿五 |
| 25 | 廿六 | 25 | 廿八 | 25 | 廿六 |
| 26 | 廿七 | 26 | 廿九 | 26 | 廿七 |
| 27 | 廿八 | 27 | 三十 | 27 | 廿八 |
| 28 | 除夕 | 28 | 二月 | 28 | 廿九 |
| 29 | 春节 | | | 29 | 三月 |
| 30 | 初二 | | | 30 | 初二 |
| 31 | 初三 | | | 31 | 初三 |

| 四月 | APRIL | 五月 | MAY | 六月 | JUNE |
|---|---|---|---|---|---|
| 1 | 初四 | 1 | 劳动节 | 1 | 儿童节 |
| 2 | 初五 | 2 | 初五 | 2 | 初七 |
| 3 | 初六 | 3 | 初六 | 3 | 初八 |
| 4 | 清明 | 4 | 青年节 | 4 | 初九 |
| 5 | 初八 | 5 | 立夏 | 5 | 芒种 |
| 6 | 初九 | 6 | 初九 | 6 | 十一 |
| 7 | 初十 | 7 | 初十 | 7 | 十二 |
| 8 | 十一 | 8 | 十一 | 8 | 十三 |
| 9 | 十二 | 9 | 十二 | 9 | 十四 |
| 10 | 十三 | 10 | 十三 | 10 | 十五 |
| 11 | 十四 | 11 | 母亲节 | 11 | 十六 |
| 12 | 十五 | 12 | 十五 | 12 | 十七 |
| 13 | 十六 | 13 | 十六 | 13 | 十八 |
| 14 | 十七 | 14 | 十七 | 14 | 十九 |
| 15 | 十八 | 15 | 十八 | 15 | 父亲节 |
| 16 | 十九 | 16 | 十九 | 16 | 廿一 |
| 17 | 二十 | 17 | 二十 | 17 | 廿二 |
| 18 | 廿一 | 18 | 廿一 | 18 | 廿三 |
| 19 | 廿二 | 19 | 廿二 | 19 | 廿四 |
| 20 | 谷雨 | 20 | 廿三 | 20 | 廿五 |
| 21 | 廿四 | 21 | 小满 | 21 | 夏至 |
| 22 | 廿五 | 22 | 廿五 | 22 | 廿七 |
| 23 | 廿六 | 23 | 廿六 | 23 | 廿八 |
| 24 | 廿七 | 24 | 廿七 | 24 | 廿九 |
| 25 | 廿八 | 25 | 廿八 | 25 | 六月 |
| 26 | 廿九 | 26 | 廿九 | 26 | 初二 |
| 27 | 三十 | 27 | 五月 | 27 | 初三 |
| 28 | 四月 | 28 | 初二 | 28 | 初四 |
| 29 | 初二 | 29 | 初三 | 29 | 初五 |
| 30 | 初三 | 30 | 初四 | 30 | 初六 |
| | | 31 | 端午节 | | |

# 2025 年度计划表

| 七月 JULY | | 八月 AUGUST | | 九月 SEPTEMBER | |
|---|---|---|---|---|---|
| 1 | 建党节 | 1 | 建军节 | 1 | 初十 |
| 2 | 初八 | 2 | 初九 | 2 | 十一 |
| 3 | 初九 | 3 | 初十 | 3 | 十二 |
| 4 | 初十 | 4 | 十一 | 4 | 十三 |
| 5 | 十一 | 5 | 十二 | 5 | 十四 |
| 6 | 十二 | 6 | 十三 | 6 | 十五 |
| 7 | 小暑 | 7 | 立秋 | 7 | 白露 |
| 8 | 十四 | 8 | 十五 | 8 | 十七 |
| 9 | 十五 | 9 | 十六 | 9 | 十八 |
| 10 | 十六 | 10 | 十七 | 10 | 教师节 |
| 11 | 十七 | 11 | 十八 | 11 | 二十 |
| 12 | 十八 | 12 | 十九 | 12 | 廿一 |
| 13 | 十九 | 13 | 二十 | 13 | 廿二 |
| 14 | 二十 | 14 | 廿一 | 14 | 廿三 |
| 15 | 廿一 | 15 | 廿二 | 15 | 廿四 |
| 16 | 廿二 | 16 | 廿三 | 16 | 廿五 |
| 17 | 廿三 | 17 | 廿四 | 17 | 廿六 |
| 18 | 廿四 | 18 | 廿五 | 18 | 廿七 |
| 19 | 廿五 | 19 | 廿六 | 19 | 廿八 |
| 20 | 廿六 | 20 | 廿七 | 20 | 廿九 |
| 21 | 廿七 | 21 | 廿八 | 21 | 三十 |
| 22 | 大暑 | 22 | 廿九 | 22 | 八月 |
| 23 | 廿九 | 23 | 处暑 | 23 | 秋分 |
| 24 | 三十 | 24 | 初二 | 24 | 初三 |
| 25 | 闰六月 | 25 | 初三 | 25 | 初四 |
| 26 | 初二 | 26 | 初四 | 26 | 初五 |
| 27 | 初三 | 27 | 初五 | 27 | 初六 |
| 28 | 初四 | 28 | 初六 | 28 | 初七 |
| 29 | 初五 | 29 | 七夕节 | 29 | 初八 |
| 30 | 初六 | 30 | 初八 | 30 | 初九 |
| 31 | 初七 | 31 | 初九 | | |

## Annual schedule

| 十月 OCTOBER | | 十一月 NOVEMBER | | 十二月 DECEMBER | |
|---|---|---|---|---|---|
| 1 | 国庆节 | 1 | 十二 | 1 | 十二 |
| 2 | 十一 | 2 | 十三 | 2 | 十三 |
| 3 | 十二 | 3 | 十四 | 3 | 十四 |
| 4 | 十三 | 4 | 十五 | 4 | 十五 |
| 5 | 十四 | 5 | 十六 | 5 | 十六 |
| 6 | 中秋节 | 6 | 十七 | 6 | 十七 |
| 7 | 十六 | 7 | 立冬 | 7 | 大雪 |
| 8 | 寒露 | 8 | 十九 | 8 | 十九 |
| 9 | 十八 | 9 | 二十 | 9 | 二十 |
| 10 | 十九 | 10 | 廿一 | 10 | 廿一 |
| 11 | 二十 | 11 | 廿二 | 11 | 廿二 |
| 12 | 廿一 | 12 | 廿三 | 12 | 廿三 |
| 13 | 廿二 | 13 | 廿四 | 13 | 廿四 |
| 14 | 廿三 | 14 | 廿五 | 14 | 廿五 |
| 15 | 廿四 | 15 | 廿六 | 15 | 廿六 |
| 16 | 廿五 | 16 | 廿七 | 16 | 廿七 |
| 17 | 廿六 | 17 | 廿八 | 17 | 廿八 |
| 18 | 廿七 | 18 | 廿九 | 18 | 廿九 |
| 19 | 廿八 | 19 | 三十 | 19 | 三十 |
| 20 | 廿九 | 20 | 十月 | 20 | 十一月 |
| 21 | 九月 | 21 | 初二 | 21 | 冬至 |
| 22 | 初二 | 22 | 小雪 | 22 | 初三 |
| 23 | 霜降 | 23 | 初四 | 23 | 初四 |
| 24 | 初四 | 24 | 初五 | 24 | 初五 |
| 25 | 初五 | 25 | 初六 | 25 | 初六 |
| 26 | 初六 | 26 | 初七 | 26 | 初七 |
| 27 | 初七 | 27 | 初八 | 27 | 初八 |
| 28 | 初八 | 28 | 初九 | 28 | 初九 |
| 29 | 重阳节 | 29 | 初十 | 29 | 初十 |
| 30 | 初十 | 30 | 十一 | 30 | 十一 |
| 31 | 十一 | | | 31 | 十二 |

# 年度记录

记录那些重要的日子

| 1月 | Jan |
| --- | --- |
| | |
| | |
| | |
| | |
| | |
| | |

| 2月 | Feb |
| --- | --- |
| | |
| | |
| | |
| | |
| | |
| | |

| 5月 | May |
| --- | --- |
| | |
| | |
| | |
| | |
| | |
| | |

| 6月 | Jun |
| --- | --- |
| | |
| | |
| | |
| | |
| | |
| | |

| 9月 | Sept |
| --- | --- |
| | |
| | |
| | |
| | |
| | |
| | |

| 10月 | Oct |
| --- | --- |
| | |
| | |
| | |
| | |
| | |
| | |

3月 Mar

4月 Apr

7月 Jul

8月 Aug

11月 Nov

12月 Dec

# 一月

## 拉萨、涠洲岛

拉萨：一个自带疗愈的阳光之城

涠洲岛：中国最美海岛之一，蓬莱仙境

一月/JANUARY

| 一 | 二 | 三 | 四 | 五 | 六 | 日 |
|---|---|---|---|---|---|---|
| 1 元旦 | 2 廿一 | 3 廿二 | 4 廿三 | 5 廿四 | 6 小寒 | 7 廿六 |
| 8 廿七 | 9 廿八 | 10 廿九 | 11 腊月 | 12 初二 | 13 初三 | 14 初四 |
| 15 初五 | 16 初六 | 17 初七 | 18 腊八节 | 19 初九 | 20 大寒 | 21 十一 |
| 22 十二 | 23 十三 | 24 十四 | 25 十五 | 26 十六 | 27 十七 | 28 十八 |
| 29 十九 | 30 二十 | 31 廿一 | | | | |

# 1月

| 计划 \ 日期 | 1 | 2 | 3 | 4 | 5 | 6 | 7 | 8 | 9 | 10 | 11 | 12 | 13 |
|---|---|---|---|---|---|---|---|---|---|---|---|---|---|
| | | | | | | | | | | | | | |
| | | | | | | | | | | | | | |
| | 
| | | | | | | | | | | | | | |
| | | | | | | | | | | | | | |

| 一 MON | 二 TUE | 三 WED | 四 THU |
|---|---|---|---|
| 1 元旦 | 2 廿一 | 3 廿二 | 4 廿三 |
| 8 廿七 | 9 廿八 | 10 廿九 | 11 腊月 |
| 15 初五 | 16 初六 | 17 初七 | 18 腊八节 |
| 22 十二 | 23 十三 | 24 十四 | 25 十五 |
| 29 十九 | 30 二十 | 31 廿一 | |

January

| 14 | 15 | 16 | 17 | 18 | 19 | 20 | 21 | 22 | 23 | 24 | 25 | 26 | 27 | 28 | 29 | 30 | 31 |
|---|---|---|---|---|---|---|---|---|---|---|---|---|---|---|---|---|---|
| | | | | | | | | | | | | | | | | | |
| | | | | | | | | | | | | | | | | | |
| | | | | | | | | | | | | | | | | | |
| | | | | | | | | | | | | | | | | | |

| 五 FRI | 六 SAT | 日 SUN | 待办事项 To Do |
|---|---|---|---|
| 5 廿四 | 6 小寒 | 7 廿六 | ☐ |
| 12 初二 | 13 初三 | 14 初四 | ☐ |
| 19 初九 | 20 大寒 | 21 十一 | ☐ |
| 26 十六 | 27 十七 | 28 十八 | ☐ |
| | | | ☐ |
| | | | ☐ |

1 星期一
Monday
元旦

2 星期二
Tuesday
廿一

3 星期三
Wednesday
廿二

4 星期四
Thursday
廿三

5 星期五
Friday
廿四

6 星期六
Saturday
小寒

7 星期日
Sunday
廿六

8 星期一
Monday
廿七

9 星期二
Tuesday
廿八

10 星期三
Wednesday
廿九

11 星期四
Thursday
腊月

12 星期五
Friday
初二

13 星期六
Saturday
初三

14 星期日
Sunday
初四

15 星期一
Monday
初五

16 星期二
Tuesday
初六

1
月

17 星期三
Wednesday
初七

18 星期四
Thursday
腊八节

19 星期五
Friday
初九

20 星期六
Saturday
大寒

21 星期日
Sunday
十一

22 星期一
Monday
十二

23 星期二
Tuesday
十三

24 星期三
Wednesday
十四

25 星期四
Thursday
十五

26 星期五
Friday
十六

27 星期六
Saturday
十七

28 星期日
Sunday
十八

29 星期一
Monday
十九

30 星期二
Tuesday
二十

31 星期三
Monday
廿一

## 本月总结 SUMMARY

# 二月

# 西双版纳、雾凇岛

西双版纳：体验热带风情

雾凇岛：梦幻的雾中之岛

二月/FEBRUARY

| 一 | 二 | 三 | 四 | 五 | 六 | 日 |
| --- | --- | --- | --- | --- | --- | --- |
| | | | 1 廿二 | 2 廿三 | 3 廿四 | 4 立春 |
| 5 廿六 | 6 廿七 | 7 廿八 | 8 廿九 | 9 除夕 | 10 春节 | 11 初二 |
| 12 初三 | 13 初四 | 14 初五 | 15 初六 | 16 初七 | 17 初八 | 18 初九 |
| 19 雨水 | 20 十一 | 21 十二 | 22 十三 | 23 十四 | 24 元宵节 | 25 十六 |
| 26 十七 | 27 十八 | 28 十九 | 29 二十 | | | |

# 2月

| 计划 \ 日期 | 1 | 2 | 3 | 4 | 5 | 6 | 7 | 8 | 9 | 10 | 11 | 12 | 13 |
|---|---|---|---|---|---|---|---|---|---|---|---|---|---|
| | | | | | | | | | | | | | |
| | | | | | | | | | | | | | |
| | | | | | | | | | | | | | |
| | | | | | | | | | | | | | |

| 一 MON | 二 TUE | 三 WED | 四 THU |
|---|---|---|---|
| | | | 1 廿二 |
| 5 廿六 | 6 廿七 | 7 廿八 | 8 廿九 |
| 12 初三 | 13 初四 | 14 初五 | 15 初六 |
| 19 雨水 | 20 十一 | 21 十二 | 22 十三 |
| 26 十七 | 27 十八 | 28 十九 | 29 二十 |

February

| 14 | 15 | 16 | 17 | 18 | 19 | 20 | 21 | 22 | 23 | 24 | 25 | 26 | 27 | 28 | 29 | | |
|---|---|---|---|---|---|---|---|---|---|---|---|---|---|---|---|---|---|
| | | | | | | | | | | | | | | | | | |
| | | | | | | | | | | | | | | | | | |
| | | | | | | | | | | | | | | | | | |
| | | | | | | | | | | | | | | | | | |

| 五 FRI | 六 SAT | 日 SUN | 待办事项 To Do |
|---|---|---|---|
| 2 廿三 | 3 廿四 | 4 立春 | □ □ |
| 9 除夕 | 10 春节 | 11 初二 | □ |
| 16 初七 | 17 初八 | 18 初九 | □ |
| 23 十四 | 24 元宵节 | 25 十六 | □ □ |
| | | | |

2
月

1 星期四
Thursday
廿二

2 星期五
Friday
廿三

## 3 星期六

Saturday

廿四

## 4 星期日

Sunday

立春

5 星期一
Monday
廿六

6 星期二
Tuesday
廿七

# 7 星期三

Wednesday

廿八

# 8 星期四

Thursday

廿九

9 星期五
Friday
除夕

10 星期六
Saturday
春节

## 11 星期日
Sunday
初二

## 12 星期一
Monday
初三

13 星期二
Tuesday
初四

14 星期三
Wednesday
初五

15 星期四
Thursday
初六

16 星期五
Friday
初七

17 星期六
Saturday
初八

18 星期日
Sunday
初九

19 星期一
Monday
雨水

20 星期二
Tuesday
十一

# 21

星期三
Wednesday
十二

# 22

星期四
Thursday
十三

23 星期五
Friday
十四

24 星期六
Saturday
元宵节

2
月

25 星期日
Sunday
十六

26 星期一
Monday
十七

27 星期二
Tuesday
十八

28 星期三
Wednesday
十九

29 星期四
Thursday
二十



本月总结 SUMMARY

有趣的人生，一半是人间烟火，一半是山川湖海。

# 三月

# 林芝、武汉

林芝：邂逅地球独一无二的春日幻境

武汉：武大樱花初绽，萦绕心头的粉色海洋

三月/ MARCH

| 一 | 二 | 三 | 四 | 五 | 六 | 日 |
|---|---|---|---|---|---|---|
| | | | | 1 廿一 | 2 廿二 | 3 廿三 |
| 4 廿四 | 5 惊蛰 | 6 廿六 | 7 廿七 | 8 妇女节 | 9 廿九 | 10 二月 |
| 11 初二 | 12 植树节 | 13 初四 | 14 初五 | 15 初六 | 16 初七 | 17 初八 |
| 18 初九 | 19 初十 | 20 春分 | 21 十二 | 22 十三 | 23 十四 | 24 十五 |
| 25 十六 | 26 十七 | 27 十八 | 28 十九 | 29 二十 | 30 廿一 | 31 廿二 |

# 3月

| 计划 \ 日期 | 1 | 2 | 3 | 4 | 5 | 6 | 7 | 8 | 9 | 10 | 11 | 12 | 13 |
|---|---|---|---|---|---|---|---|---|---|---|---|---|---|
| | | | | | | | | | | | | | |
| | | | | | | | | | | | | | |
| | | | | | | | | | | | | | |
| | | | | | | | | | | | | | |

| 一 MON | 二 TUE | 三 WED | 四 THU |
|---|---|---|---|
| | | | |
| 4 廿四 | 5 惊蛰 | 6 廿六 | 7 廿七 |
| 11 初二 | 12 植树节 | 13 初四 | 14 初五 |
| 18 初九 | 19 初十 | 20 春分 | 21 十二 |
| 25 十六 | 26 十七 | 27 十八 | 28 十九 |

March

| 14 | 15 | 16 | 17 | 18 | 19 | 20 | 21 | 22 | 23 | 24 | 25 | 26 | 27 | 28 | 29 | 30 | 31 |
|---|---|---|---|---|---|---|---|---|---|---|---|---|---|---|---|---|---|
| | | | | | | | | | | | | | | | | | |
| | | | | | | | | | | | | | | | | | |
| | | | | | | | | | | | | | | | | | |
| | | | | | | | | | | | | | | | | | |

| 五 FRI | 六 SAT | 日 SUN | 待办事项 To Do |
|---|---|---|---|
| 1 廿一 | 2 廿二 | 3 廿三 | □ |
| 8 妇女节 | 9 廿九 | 10 二月 | □ |
| 15 初六 | 16 初七 | 17 初八 | □ |
| 22 十三 | 23 十四 | 24 十五 | □ |
| 29 二十 | 30 廿一 | 31 廿二 | □ □ |

1 星期五
Friday
廿一

2 星期六
Saturday
廿二

3 星期日
Sunday
廿三

4 星期一
Monday
廿四

3
月

5 星期二
Tuesday
惊蛰

6 星期三
Wednesday
廿六

7 星期四
Thursday
廿七

8 星期五
Friday
妇女节

9 星期六
Saturday
廿九

10 星期日
Sunday
二月

11 星期一
Monday
初二

12 星期二
Tuesday
植树节

13 星期三
Wednesday
初四

14 星期四
Thursday
初五

15 星期五
Friday
初六

16 星期六
Saturday
初七

3
月

17 星期日
Sunday
初八

18 星期一
Monday
初九

19 星期二
Tuesday
初十

20 星期三
Wednesday
春分

21 星期四
Thursday
十二

22 星期五
Friday
十三

23 星期六
Saturday
十四

24 星期日
Sunday
十五

25 星期一
Monday
十六

26 星期二
Tuesday
十七

27 星期三
Wednesday
十八

28 星期四
Thursday
十九

3
月

29 星期五
Friday
二十

30 星期六
Saturday
廿一

31 星期日
Sunday
廿二

本月总结 SUMMARY

# 四月

扬州：比绝大部分江南城市，更江南

婺源：美成一幅绝色水墨丹青

四月 / APRIL

| 一 | 二 | 三 | 四 | 五 | 六 | 日 |
| --- | --- | --- | --- | --- | --- | --- |
| 1 廿三 | 2 廿四 | 3 廿五 | 4 清明 | 5 廿七 | 6 廿八 | 7 廿九 |
| 8 三十 | 9 三月 | 10 初二 | 11 初三 | 12 初四 | 13 初五 | 14 初六 |
| 15 初七 | 16 初八 | 17 初九 | 18 初十 | 19 谷雨 | 20 十二 | 21 十三 |
| 22 十四 | 23 十五 | 24 十六 | 25 十七 | 26 十八 | 27 十九 | 28 二十 |
| 29 廿一 | 30 廿二 | | | | | |

# 4月

| 计划 \ 日期 | 1 | 2 | 3 | 4 | 5 | 6 | 7 | 8 | 9 | 10 | 11 | 12 | 13 |
|---|---|---|---|---|---|---|---|---|---|---|---|---|---|
| | | | | | | | | | | | | | |
| | | | | | | | | | | | | | |
| | | | | | | | | | | | | | |
| | | | | | | | | | | | | | |

| 一 MON | 二 TUE | 三 WED | 四 THU |
|---|---|---|---|
| 1 廿三 | 2 廿四 | 3 廿五 | 4 清明 |
| 8 三十 | 9 三月 | 10 初二 | 11 初三 |
| 15 初七 | 16 初八 | 17 初九 | 18 初十 |
| 22 十四 | 23 十五 | 24 十六 | 25 十七 |
| 29 廿一 | 30 廿二 | | |

April

| 14 | 15 | 16 | 17 | 18 | 19 | 20 | 21 | 22 | 23 | 24 | 25 | 26 | 27 | 28 | 29 | 30 | |
|---|---|---|---|---|---|---|---|---|---|---|---|---|---|---|---|---|---|
| | | | | | | | | | | | | | | | | | |
| | | | | | | | | | | | | | | | | | |
| | | | | | | | | | | | | | | | | | |
| | | | | | | | | | | | | | | | | | |

| 五 FRI | 六 SAT | 日 SUN | 待办事项 To Do |
|---|---|---|---|
| 5 廿七 | 6 廿八 | 7 廿九 | □ |
| 12 初四 | 13 初五 | 14 初六 | □ |
| 19 谷雨 | 20 十二 | 21 十三 | □ |
| 26 十八 | 27 十九 | 28 二十 | □ |
| | | | □ |
| | | | □ |

1 星期一
Monday
廿三

2 星期二
Tuesday
廿四

## 3 星期三
Wednesday
廿五

## 4 星期四
Thursday
清明

5 星期五
Friday
廿七

6 星期六
Saturday
廿八

7 星期日
Sunday
廿九

8 星期一
Monday
三十

4
月

9 星期二
Tuesday
三月

10 星期三
Wednesday
初二

11 星期四
Thursday
初三

12 星期五
Friday
初四

13 星期六
Saturday
初五

14 星期日
Sunday
初六

15 星期一
Monday
初七

16 星期二
Tuesday
初八

17 星期三
Wednesday
初九

18 星期四
Thursday
初十

19 星期五
Friday
谷雨

20 星期六
Saturday
十二

4月

4
月

21 星期日
Sunday
十三

22 星期一
Monday
十四

23 星期二
Tuesday
十五

24 星期三
Wednesday
十六

25 星期四
Thursday
十七

26 星期五
Friday
十八

27 星期六
Saturday
十九

28 星期日
Sunday
二十

29 星期一
Monday
廿一

30 星期二
Tuesday
廿二

## 本月总结 SUMMARY

别说岁月漫长，长不过沿途的山脉，长不过车窗外的阳光，长不过光线突然暗下来的隧道，更长不过下一个远方。

# 五月

## 武功山、恩施

武功山：江南三大名山之一，与大自然的一次亲密接触

恩施：身在其中，感受大自然的鬼斧神工

五月/ MAY

| 一 | 二 | 三 | 四 | 五 | 六 | 日 |
|---|---|---|---|---|---|---|
| | | 1 劳动节 | 2 廿四 | 3 廿五 | 4 青年节 | 5 立夏 |
| 6 廿八 | 7 廿九 | 8 四月 | 9 初二 | 10 初三 | 11 初四 | 12 母亲节 |
| 13 初六 | 14 初七 | 15 初八 | 16 初九 | 17 初十 | 18 十一 | 19 十二 |
| 20 小满 | 21 十四 | 22 十五 | 23 十六 | 24 十七 | 25 十八 | 26 十九 |
| 27 二十 | 28 廿一 | 29 廿二 | 30 廿三 | 31 廿四 | | |

# 5月

| 日期<br>计划 | 1 | 2 | 3 | 4 | 5 | 6 | 7 | 8 | 9 | 10 | 11 | 12 | 13 |
|---|---|---|---|---|---|---|---|---|---|---|---|---|---|
| | | | | | | | | | | | | | |
| | | | | | | | | | | | | | |
| | | | | | | | | | | | | | |
| | | | | | | | | | | | | | |

| 一 MON | 二 TUE | 三 WED | 四 THU |
|---|---|---|---|
| | | 1 劳动节 | 2 廿四 |
| 6 廿八 | 7 廿九 | 8 四月 | 9 初二 |
| 13 初六 | 14 初七 | 15 初八 | 16 初九 |
| 20 小满 | 21 十四 | 22 十五 | 23 十六 |
| 27 二十 | 28 廿一 | 29 廿二 | 30 廿三 |

May

| 14 | 15 | 16 | 17 | 18 | 19 | 20 | 21 | 22 | 23 | 24 | 25 | 26 | 27 | 28 | 29 | 30 | 31 |
|---|---|---|---|---|---|---|---|---|---|---|---|---|---|---|---|---|---|
| | | | | | | | | | | | | | | | | | |
| | | | | | | | | | | | | | | | | | |
| | | | | | | | | | | | | | | | | | |
| | | | | | | | | | | | | | | | | | |

| 五 FRI | 六 SAT | 日 SUN | 待办事项 To Do |
|---|---|---|---|
| 3 廿五 | 4 青年节 | 5 立夏 | ☐ |
| 10 初三 | 11 初四 | 12 母亲节 | ☐ |
| 17 初十 | 18 十一 | 19 十二 | ☐ |
| 24 十七 | 25 十八 | 26 十九 | ☐ |
| 31 廿四 | | | ☐ |
| | | | ☐ |

1 星期三
Wednesday
劳动节

2 星期四
Thursday
廿四

5
月

3 星期五
Friday
廿五

4 星期六
Saturday
青年节

5 星期日
Sunday
立夏

6 星期一
Monday
廿八

7 星期二
Tuesday
廿九

8 星期三
Wednesday
四月

9 星期四
Thursday
初二

10 星期五
Friday
初三

11 星期六
Saturday
初四

12 星期日
Sunday
母亲节

13 星期一
Monday
初六

14 星期二
Tuesday
初七

15 星期三
Wednesday
初八

16 星期四
Thursday
初九

17 星期五
Friday
初十

18 星期六
Saturday
十一

5
月

19 星期日
Sunday
十二

20 星期一
Monday
小满

21 星期二
Tuesday
十四



22 星期三
Wednesday
十五

23 星期四
Thursday
十六

24 星期五
Friday
十七

25 星期六
Saturday
十八

26 星期日
Sunday
十九

27 星期一
Monday
二十

28 星期二
Tuesday
廿一

## 29 星期三

Wednesday

廿二

## 30 星期四

Thursday

廿三

31 星期五
Friday
廿四

本月总结 SUMMARY

5月

# 六月

## 呼伦贝尔草原、东极岛

呼伦贝尔草原：中国保存最完好的草原之一，被称为牧草王国

东极岛：向海风许愿，在山河相见，理想慢生活的宝藏景点

六月/JUNE

| 一 | 二 | 三 | 四 | 五 | 六 | 日 |
|---|---|---|---|---|---|---|
| | | | | | 1<br>儿童节 | 2<br>廿六 |
| 3<br>廿七 | 4<br>廿八 | 5<br>芒种 | 6<br>五月 | 7<br>初二 | 8<br>初三 | 9<br>初四 |
| 10<br>端午节 | 11<br>初六 | 12<br>初七 | 13<br>初八 | 14<br>初九 | 15<br>初十 | 16<br>父亲节 |
| 17<br>十二 | 18<br>十三 | 19<br>十四 | 20<br>十五 | 21<br>夏至 | 22<br>十七 | 23<br>十八 |
| 24<br>十九 | 25<br>二十 | 26<br>廿一 | 27<br>廿二 | 28<br>廿三 | 29<br>廿四 | 30<br>廿五 |

# 6月

| 计划 \ 日期 | 1 | 2 | 3 | 4 | 5 | 6 | 7 | 8 | 9 | 10 | 11 | 12 | 13 |
|---|---|---|---|---|---|---|---|---|---|---|---|---|---|
| | | | | | | | | | | | | | |
| | | | | | | | | | | | | | |
| | | | | | | | | | | | | | |
| | | | | | | | | | | | | | |

| 一 MON | 二 TUE | 三 WED | 四 THU |
|---|---|---|---|
| | | | |
| 3 廿七 | 4 廿八 | 5 芒种 | 6 五月 |
| 10 端午节 | 11 初六 | 12 初七 | 13 初八 |
| 17 十二 | 18 十三 | 19 十四 | 20 十五 |
| 24 十九 | 25 二十 | 26 廿一 | 27 廿二 |

June

| 14 | 15 | 16 | 17 | 18 | 19 | 20 | 21 | 22 | 23 | 24 | 25 | 26 | 27 | 28 | 29 | 30 | |
|---|---|---|---|---|---|---|---|---|---|---|---|---|---|---|---|---|---|
| | | | | | | | | | | | | | | | | | |
| | | | | | | | | | | | | | | | | | |
| | | | | | | | | | | | | | | | | | |
| | | | | | | | | | | | | | | | | | |

| 五 FRI | 六 SAT | 日 SUN | 待办事项 To Do |
|---|---|---|---|
| | 1 儿童节 | 2 廿六 | ☐ |
| 7 初二 | 8 初三 | 9 初四 | ☐ |
| 14 初九 | 15 初十 | 16 父亲节 | ☐ |
| 21 夏至 | 22 十七 | 23 十八 | ☐ |
| 28 廿三 | 29 廿四 | 30 廿五 | ☐ ☐ |

6
月

# 1 星期六

Saturday

儿童节

# 2 星期日

Sunday

廿六

3 星期一
Monday
廿七

4 星期二
Tuesday
廿八

5 星期三
Wednesday
芒种



6 星期四
Thursday
五月

7 星期五
Friday
初二

8 星期六
Saturday
初三

9 星期日
Sunday
初四

6
月

10 星期一
Monday
端午节

11 星期二
Tuesday
初六

12 星期三
Wednesday
初七

13 星期四
Thursday
初八

14 星期五
Friday
初九

15 星期六 Saturday 初十

16 星期日 Sunday 父亲节

17 星期一
Monday
十二



18 星期二
Tuesday
十三

19 星期三
Wednesday
十四

20 星期四
Thursday
十五

21 星期五
Friday
夏至

6
月

22 星期六
Saturday
十七

23 星期日
Sunday
十八

24 星期一
Monday
十九

25 星期二
Tuesday
二十



26 星期三
Wednesday
廿一

27 星期四
Thursday
廿二

28 星期五
Friday
廿三

29 星期六
Saturday
廿四



30 星期日
Sunday
廿五

## 本月总结 SUMMARY

当灵魂靠近溢满了温暖的地方，那颗沉溺在有些暗淡了的岁月里的心，将会重新被点亮。

# 七月

# 青海湖、荔波

青海湖：环湖的油菜花田，随处可见的牦牛

荔波：美丽的『绿宝石』，众多电视剧的取景地

七月/JULY

| 一 | 二 | 三 | 四 | 五 | 六 | 日 |
| --- | --- | --- | --- | --- | --- | --- |
| 1<br>建党节 | 2<br>廿七 | 3<br>廿八 | 4<br>廿九 | 5<br>三十 | 6<br>小暑 | 7<br>初二 |
| 8<br>初三 | 9<br>初四 | 10<br>初五 | 11<br>初六 | 12<br>初七 | 13<br>初八 | 14<br>初九 |
| 15<br>初十 | 16<br>十一 | 17<br>十二 | 18<br>十三 | 19<br>十四 | 20<br>十五 | 21<br>十六 |
| 22<br>大暑 | 23<br>十八 | 24<br>十九 | 25<br>二十 | 26<br>廿一 | 27<br>廿二 | 28<br>廿三 |
| 29<br>廿四 | 30<br>廿五 | 31<br>廿六 | | | | |

# 7月

| 计划 \ 日期 | 1 | 2 | 3 | 4 | 5 | 6 | 7 | 8 | 9 | 10 | 11 | 12 | 13 |
|---|---|---|---|---|---|---|---|---|---|---|---|---|---|
| | | | | | | | | | | | | | |
| | | | | | | | | | | | | | |
| | | | | | | | | | | | | | |
| | | | | | | | | | | | | | |

| 一 MON | 二 TUE | 三 WED | 四 THU |
|---|---|---|---|
| 1 建党节 | 2 廿七 | 3 廿八 | 4 廿九 |
| 8 初三 | 9 初四 | 10 初五 | 11 初六 |
| 15 初十 | 16 十一 | 17 十二 | 18 十三 |
| 22 大暑 | 23 十八 | 24 十九 | 25 二十 |
| 29 廿四 | 30 廿五 | 31 廿六 | |

July

| 14 | 15 | 16 | 17 | 18 | 19 | 20 | 21 | 22 | 23 | 24 | 25 | 26 | 27 | 28 | 29 | 30 | 31 |
|---|---|---|---|---|---|---|---|---|---|---|---|---|---|---|---|---|---|
| | | | | | | | | | | | | | | | | | |
| | | | | | | | | | | | | | | | | | |
| | | | | | | | | | | | | | | | | | |
| | | | | | | | | | | | | | | | | | |

| 五 FRI | 六 SAT | 日 SUN | 待办事项 To Do |
|---|---|---|---|
| 5 三十 | 6 小暑 | 7 初二 | □ |
| 12 初七 | 13 初八 | 14 初九 | □ |
| 19 十四 | 20 十五 | 21 十六 | □ |
| 26 廿一 | 27 廿二 | 28 廿三 | □ |
| | | | □ |
| | | | □ |

1 星期一
Monday
建党节

2 星期二
Tuesday
廿七

3 星期三
Wednesday
廿八

4 星期四
Thursday
廿九

5 星期五
Friday
三十

6 星期六
Saturday
小暑

7 星期日
Sunday
初二

8 星期一
Monday
初三

# 9 星期二
Tuesday
初四

# 10 星期三
Wednesday
初五

11 星期四
Thursday
初六

12 星期五
Friday
初七

13 星期六
Saturday
初八

14 星期日
Sunday
初九

15 星期一
Monday
初十

16 星期二
Tuesday
十一

17 星期三
Wednesday
十二

18 星期四
Thursday
十三

19 星期五
Friday
十四

20 星期六
Saturday
十五

21 星期日
Sunday
十六

22 星期一
Monday
大暑

23 星期二
Tuesday
十八

24 星期三
Wednesday
十九

25 星期四
Thursday
二十

26 星期五
Friday
廿一

27 星期六
Saturday
廿二

28 星期日
Sunday
廿三

29 星期一
Monday
廿四

30 星期二
Tuesday
廿五

31 星期三
Wednesday
廿六

本月总结 SUMMARY

# 八月

# 大连、郴州东江湖

大连：感受落日余晖下清凉海风吹拂脸颊的浪漫

郴州东江湖：现实版的中国山水画

八月/AUGUST

| 一 | 二 | 三 | 四 | 五 | 六 | 日 |
|---|---|---|---|---|---|---|
| | | | 1 建军节 | 2 廿八 | 3 廿九 | 4 七月 |
| 5 初二 | 6 初三 | 7 立秋 | 8 初五 | 9 初六 | 10 七夕节 | 11 初八 |
| 12 初九 | 13 初十 | 14 十一 | 15 十二 | 16 十三 | 17 十四 | 18 十五 |
| 19 十六 | 20 十七 | 21 十八 | 22 处暑 | 23 二十 | 24 廿一 | 25 廿二 |
| 26 廿三 | 27 廿四 | 28 廿五 | 29 廿六 | 30 廿七 | 31 廿八 | |

# 8月

| 计划 \ 日期 | 1 | 2 | 3 | 4 | 5 | 6 | 7 | 8 | 9 | 10 | 11 | 12 | 13 |
|---|---|---|---|---|---|---|---|---|---|---|---|---|---|
| | | | | | | | | | | | | | |
| | | | | | | | | | | | | | |
| | | | | | | | | | | | | | |
| | | | | | | | | | | | | | |

| 一 MON | 二 TUE | 三 WED | 四 THU |
|---|---|---|---|
| | | | 1 建军节 |
| 5 初二 | 6 初三 | 7 立秋 | 8 初五 |
| 12 初九 | 13 初十 | 14 十一 | 15 十二 |
| 19 十六 | 20 十七 | 21 十八 | 22 处暑 |
| 26 廿三 | 27 廿四 | 28 廿五 | 29 廿六 |

August

| 14 | 15 | 16 | 17 | 18 | 19 | 20 | 21 | 22 | 23 | 24 | 25 | 26 | 27 | 28 | 29 | 30 | 31 |
|---|---|---|---|---|---|---|---|---|---|---|---|---|---|---|---|---|---|
| | | | | | | | | | | | | | | | | | |
| | | | | | | | | | | | | | | | | | |
| | | | | | | | | | | | | | | | | | |
| | | | | | | | | | | | | | | | | | |

| 五 FRI | 六 SAT | 日 SUN | 待办事项 To Do |
|---|---|---|---|
| 2 廿八 | 3 廿九 | 4 七月 | □ |
| 9 初六 | 10 七夕节 | 11 初八 | □ |
| 16 十三 | 17 十四 | 18 十五 | □ |
| 23 二十 | 24 廿一 | 25 廿二 | □ |
| 30 廿七 | 31 廿八 | | □ |
| | | | □ |

1 星期四
Thursday
建军节

2 星期五
Friday
廿八

3 星期六
Saturday
廿九

4 星期日
Sunday
七月

5 星期一
Monday
初二

6 星期二
Tuesday
初三

7 星期三
Wednesday
立秋

8 星期四
Thursday
初五

9 星期五
Friday
初六

10 星期六
Saturday
七夕节

11 星期日
Sunday
初八

12 星期一
Monday
初九

13 星期二
Tuesday
初十

14 星期三
Wednesday
十一

15 星期四
Thursday
十二

16 星期五
Friday
十三

17 星期六
Saturday
十四

18 星期日
Sunday
十五

19 星期一
Monday
十六

20 星期二
Tuesday
十七

21 星期三
Wednesday
十八

22 星期四
Thursday
处暑

23 星期五
Friday
二十

24 星期六
Saturday
廿一

25 星期日
Sunday
廿二

26 星期一
Monday
廿三

8
月

27 星期二
Tuesday
廿四

28 星期三
Wednesday
廿五

29 星期四
Thursday
廿六

30 星期五
Friday
廿七

8
月

31 星期六
Saturday
廿八

## 本月总结 SUMMARY

# 九月

# 喀纳斯、阿尔山

喀纳斯：国内十大秋色之首，摄影师的天堂

阿尔山：总有一个秋天要留给属于阿尔山的童话

九月/SEPTEMBER

| 一 | 二 | 三 | 四 | 五 | 六 | 日 |
| --- | --- | --- | --- | --- | --- | --- |
| | | | | | | 1 廿九 |
| 2 三十 | 3 八月 | 4 初二 | 5 初三 | 6 初四 | 7 白露 | 8 初六 |
| 9 初七 | 10 教师节 | 11 初九 | 12 初十 | 13 十一 | 14 十二 | 15 十三 |
| 16 十四 | 17 中秋节 | 18 十六 | 19 十七 | 20 十八 | 21 十九 | 22 秋分 |
| 23 廿一 | 24 廿二 | 25 廿三 | 26 廿四 | 27 廿五 | 28 廿六 | 29 廿七 |
| 30 廿八 | | | | | | |

# 9月

| 计划 \ 日期 | 1 | 2 | 3 | 4 | 5 | 6 | 7 | 8 | 9 | 10 | 11 | 12 | 13 |
|---|---|---|---|---|---|---|---|---|---|---|---|---|---|
| | | | | | | | | | | | | | |
| | | | | | | | | | | | | | |
| | | | | | | | | | | | | | |
| | | | | | | | | | | | | | |

| 一 MON | 二 TUE | 三 WED | 四 THU |
|---|---|---|---|
| | | | |
| 2 三十 | 3 八月 | 4 初二 | 5 初三 |
| 9 初七 | 10 教师节 | 11 初九 | 12 初十 |
| 16 十四 | 17 中秋节 | 18 十六 | 19 十七 |
| 23 廿一 / 30 廿八 | 24 廿二 | 25 廿三 | 26 廿四 |

September

| 14 | 15 | 16 | 17 | 18 | 19 | 20 | 21 | 22 | 23 | 24 | 25 | 26 | 27 | 28 | 29 | 30 | |
|---|---|---|---|---|---|---|---|---|---|---|---|---|---|---|---|---|---|
| | | | | | | | | | | | | | | | | | |
| | | | | | | | | | | | | | | | | | |
| | | | | | | | | | | | | | | | | | |
| | | | | | | | | | | | | | | | | | |

| 五 FRI | 六 SAT | 日 SUN | 待办事项 To Do |
|---|---|---|---|
| | | 1 廿九 | ☐ |
| 6 初四 | 7 白露 | 8 初六 | ☐ |
| 13 十一 | 14 十二 | 15 十三 | ☐ |
| 20 十八 | 21 十九 | 22 秋分 | ☐ |
| 27 廿五 | 28 廿六 | 29 廿七 | ☐ ☐ |

1 星期日
Sunday
廿九

2 星期一
Monday
三十

9
月

## 3 星期二
Tuesday
八月

## 4 星期三
Wednesday
初二

5 星期四
Thursday
初三

6 星期五
Friday
初四

7 星期六
Saturday
白露

8 星期日
Sunday
初六

9 星期一
Monday
初七

10 星期二
Tuesday
教师节

## 11 星期三
Wednesday
初九

## 12 星期四
Thursday
初十

13 星期五
Friday
十一

14 星期六
Saturday
十二

15 星期日
Sunday
十三

16 星期一
Monday
十四

## 17 星期二
Tuesday
中秋节

## 18 星期三
Wednesday
十六

19 星期四
Thursday
十七

20 星期五
Friday
十八

21 星期六
Saturday
十九

22 星期日
Sunday
秋分

23 星期一
Monday
廿一

24 星期二
Tuesday
廿二

## 25 星期三
Wednesday
廿三

## 26 星期四
Thursday
廿四

27 星期五
Friday
廿五

28 星期六
Saturday
廿六

29 星期日
Sunday
廿七

30 星期一
Monday
廿八

## 本月总结 SUMMARY

我想，旅行的意义，是终于能够有机会，用肉眼去看到人间万千世相的模样，是终于有机会，造就一颗有容乃大的心。

# 十月

稻城亚丁：『水蓝色星球上的最后一片净土』

新都桥：318国道上的摄影天堂

十月/OCTOBER

| 一 | 二 | 三 | 四 | 五 | 六 | 日 |
|---|---|---|---|---|---|---|
| | 1<br>国庆节 | 2<br>三十 | 3<br>九月 | 4<br>初二 | 5<br>初三 | 6<br>初四 |
| 7<br>初五 | 8<br>寒露 | 9<br>初七 | 10<br>初八 | 11<br>重阳节 | 12<br>初十 | 13<br>十一 |
| 14<br>十二 | 15<br>十三 | 16<br>十四 | 17<br>十五 | 18<br>十六 | 19<br>十七 | 20<br>十八 |
| 21<br>十九 | 22<br>二十 | 23<br>霜降 | 24<br>廿二 | 25<br>廿三 | 26<br>廿四 | 27<br>廿五 |
| 28<br>廿六 | 29<br>廿七 | 30<br>廿八 | 31<br>廿九 | | | |

# 10月

| 计划 \ 日期 | 1 | 2 | 3 | 4 | 5 | 6 | 7 | 8 | 9 | 10 | 11 | 12 | 13 |
|---|---|---|---|---|---|---|---|---|---|---|---|---|---|
| | | | | | | | | | | | | | |
| | | | | | | | | | | | | | |
| | | | | | | | | | | | | | |
| | | | | | | | | | | | | | |

| 一 MON | 二 TUE | 三 WED | 四 THU |
|---|---|---|---|
| | 1 国庆节 | 2 三十 | 3 九月 |
| 7 初五 | 8 寒露 | 9 初七 | 10 初八 |
| 14 十二 | 15 十三 | 16 十四 | 17 十五 |
| 21 十九 | 22 二十 | 23 霜降 | 24 廿二 |
| 28 廿六 | 29 廿七 | 30 廿八 | 31 廿九 |

October

| 14 | 15 | 16 | 17 | 18 | 19 | 20 | 21 | 22 | 23 | 24 | 25 | 26 | 27 | 28 | 29 | 30 | 31 |
|---|---|---|---|---|---|---|---|---|---|---|---|---|---|---|---|---|---|
| | | | | | | | | | | | | | | | | | |
| | | | | | | | | | | | | | | | | | |
| | | | | | | | | | | | | | | | | | |
| | | | | | | | | | | | | | | | | | |

| 五 FRI | 六 SAT | 日 SUN | 待办事项 To Do |
|---|---|---|---|
| 4 初二 | 5 初三 | 6 初四 | □ |
| 11 重阳节 | 12 初十 | 13 十一 | □ |
| 18 十六 | 19 十七 | 20 十八 | □ |
| 25 廿三 | 26 廿四 | 27 廿五 | □ |
| | | | □ |
| | | | □ |

1 星期二
Tuesday
国庆节

2 星期三
Wednesday
三十

3 星期四
Thursday
九月

4 星期五
Friday
初二

5 星期六
Saturday
初三

6 星期日
Sunday
初四

7 星期一
Monday
初五

8 星期二
Tuesday
寒露

9 星期三

Wednesday

初七

10 星期四

Thursday

初八

11 星期五
Friday
重阳节

12 星期六
Saturday
初十

13 星期日
Sunday
十一

14 星期一
Monday
十二

10
月

## 15 星期二
Tuesday
十三

## 16 星期三
Wednesday
十四

17 星期四
Thursday
十五

18 星期五
Friday
十六

19 星期六
Saturday
十七

20 星期日
Sunday
十八

21 星期一
Monday
十九

22 星期二
Tuesday
二十

10
月

23 星期三
Wednesday
霜降

24 星期四
Thursday
廿二

25 星期五
Friday
廿三

26 星期六
Saturday
廿四

27 星期日
Sunday
廿五

28 星期一
Monday
廿六

29 星期二
Tuesday
廿七

30 星期三
Wednesday
廿八

31 星期四
Thursday
廿九

本月总结 SUMMARY

10
月

# 十一月

# 塔川、无量山樱花谷

塔川：中国四大赏秋地之一

无量山樱花谷：一睹被云雾笼罩的樱花漫山盛开的容颜

十一月/NOVEMBER

| 一 | 二 | 三 | 四 | 五 | 六 | 日 |
|---|---|---|---|---|---|---|
| | | | | 1<br>十月 | 2<br>初二 | 3<br>初三 |
| 4<br>初四 | 5<br>初五 | 6<br>初六 | 7<br>立冬 | 8<br>初八 | 9<br>初九 | 10<br>初十 |
| 11<br>十一 | 12<br>十二 | 13<br>十三 | 14<br>十四 | 15<br>十五 | 16<br>十六 | 17<br>十七 |
| 18<br>十八 | 19<br>十九 | 20<br>二十 | 21<br>廿一 | 22<br>小雪 | 23<br>廿三 | 24<br>廿四 |
| 25<br>廿五 | 26<br>廿六 | 27<br>廿七 | 28<br>廿八 | 29<br>廿九 | 30<br>三十 | |

# 11月

| 计划 \ 日期 | 1 | 2 | 3 | 4 | 5 | 6 | 7 | 8 | 9 | 10 | 11 | 12 | 13 |
|---|---|---|---|---|---|---|---|---|---|---|---|---|---|
| | | | | | | | | | | | | | |
| | | | | | | | | | | | | | |
| | | | | | | | | | | | | | |
| | | | | | | | | | | | | | |

| 一 MON | 二 TUE | 三 WED | 四 THU |
|---|---|---|---|
| | | | |
| 4 初四 | 5 初五 | 6 初六 | 7 立冬 |
| 11 十一 | 12 十二 | 13 十三 | 14 十四 |
| 18 十八 | 19 十九 | 20 二十 | 21 廿一 |
| 25 廿五 | 26 廿六 | 27 廿七 | 28 廿八 |

November

| 14 | 15 | 16 | 17 | 18 | 19 | 20 | 21 | 22 | 23 | 24 | 25 | 26 | 27 | 28 | 29 | 30 | |
|---|---|---|---|---|---|---|---|---|---|---|---|---|---|---|---|---|---|
| | | | | | | | | | | | | | | | | | |
| | | | | | | | | | | | | | | | | | |
| | | | | | | | | | | | | | | | | | |
| | | | | | | | | | | | | | | | | | |

| 五 FRI | 六 SAT | 日 SUN | 待办事项 To Do |
|---|---|---|---|
| 1 十月 | 2 初二 | 3 初三 | ☐ |
| 8 初八 | 9 初九 | 10 初十 | ☐ |
| 15 十五 | 16 十六 | 17 十七 | ☐ |
| 22 小雪 | 23 廿三 | 24 廿四 | ☐ |
| 29 廿九 | 30 三十 | | ☐ |
| | | | ☐ |

1 星期五
Friday
十月

2 星期六
Saturday
初二

3 星期日
Sunday
初三

4 星期一
Monday
初四

5 星期二
Tuesday
初五

6 星期三
Wednesday
初六

7 星期四
Thursday
立冬

8 星期五
Friday
初八

9 星期六
Saturday
初九

10 星期日
Sunday
初十

11 星期一
Monday
十一

12 星期二
Tuesday
十二

## 13 星期三 Wednesday 十三

## 14 星期四 Thursday 十四

15 星期五
Friday
十五

16 星期六
Saturday
十六

17 星期日
Sunday
十七

18 星期一
Monday
十八

## 19 星期二

Tuesday

十九

## 20 星期三

Wednesday

二十

21 星期四
Thursday
廿一

22 星期五
Friday
小雪

23 星期六
Saturday
廿三

24 星期日
Sunday
廿四

25 星期一
Monday
廿五

26 星期二
Tuesday
廿六

27 星期三
Wednesday
廿七

28 星期四
Thursday
廿八

29 星期五
Friday
廿九

30 星期六
Saturday
三十

## 本月总结 SUMMARY

终于有一天，曾经闯入梦里的城市和葳蕤的风光，都被我踏在脚下纳入眼中，那一刻，曾以为遥不可及的东西，其实终究都会实现。

# 十二月

# 漠河、三亚

漠河：观赏奇松树挂的北国雪景，与北极光来一场偶遇

三亚：冬日体验夏日的蓝天白云和海水沙滩

十二月/DECEMBER

| 一 | 二 | 三 | 四 | 五 | 六 | 日 |
|---|---|---|---|---|---|---|
| | | | | | | 1 十一月 |
| 2 初二 | 3 初三 | 4 初四 | 5 初五 | 6 大雪 | 7 初七 | 8 初八 |
| 9 初九 | 10 初十 | 11 十一 | 12 十二 | 13 十三 | 14 十四 | 15 十五 |
| 16 十六 | 17 十七 | 18 十八 | 19 十九 | 20 二十 | 21 冬至 | 22 廿二 |
| 23 廿三 | 24 廿四 | 25 廿五 | 26 廿六 | 27 廿七 | 28 廿八 | 29 廿九 |
| 30 三十 | 31 腊月 | | | | | |

# 12月

| 计划 \ 日期 | 1 | 2 | 3 | 4 | 5 | 6 | 7 | 8 | 9 | 10 | 11 | 12 | 13 |
|---|---|---|---|---|---|---|---|---|---|---|---|---|---|
| | | | | | | | | | | | | | |
| | | | | | | | | | | | | | |
| | | | | | | | | | | | | | |
| | | | | | | | | | | | | | |

| 一 MON | 二 TUE | 三 WED | 四 THU |
|---|---|---|---|
| | | | |
| 2 初二 | 3 初三 | 4 初四 | 5 初五 |
| 9 初九 | 10 初十 | 11 十一 | 12 十二 |
| 16 十六 | 17 十七 | 18 十八 | 19 十九 |
| 23 廿三 / 30 三十 | 24 廿四 / 31 腊月 | 25 廿五 | 26 廿六 |

December

| 14 | 15 | 16 | 17 | 18 | 19 | 20 | 21 | 22 | 23 | 24 | 25 | 26 | 27 | 28 | 29 | 30 | 31 |
|---|---|---|---|---|---|---|---|---|---|---|---|---|---|---|---|---|---|
| | | | | | | | | | | | | | | | | | |
| | | | | | | | | | | | | | | | | | |
| | | | | | | | | | | | | | | | | | |
| | | | | | | | | | | | | | | | | | |

| 五 FRI | 六 SAT | 日 SUN | 待办事项 To Do |
|---|---|---|---|
| | | 1 十一月 | ☐ |
| 6 大雪 | 7 初七 | 8 初八 | ☐ |
| 13 十三 | 14 十四 | 15 十五 | ☐ |
| 20 二十 | 21 冬至 | 22 廿二 | ☐ |
| 27 廿七 | 28 廿八 | 29 廿九 | ☐<br>☐ |

1 星期日
Sunday
十一月

2 星期一
Monday
初二

3 星期二
Tuesday
初三

4 星期三
Wednesday
初四

5 星期四
Thursday
初五

6 星期五
Friday
大雪

7 星期六
Saturday
初七

8 星期日
Sunday
初八

9 星期一
Monday
初九

10 星期二
Tuesday
初十

11 星期三
Wednesday
十一

12 星期四
Thursday
十二

13 星期五
Friday
十三

14 星期六
Saturday
十四

15 星期日
Sunday
十五

16 星期一
Monday
十六

17 星期二
Tuesday
十七

18 星期三
Wednesday
十八

19 星期四
Thursday
十九

20 星期五
Friday
二十

21 星期六
Saturday
冬至

22 星期日
Sunday
廿二

## 23

星期一
Monday
廿三

## 24

星期二
Tuesday
廿四

25 星期三
Wednesday
廿五

26 星期四
Thursday
廿六

27 星期五
Friday
廿七

28 星期六
Saturday
廿八

29 星期日
Sunday
廿九

30 星期一
Monday
三十

31 星期二
Tuesday
腊月

本月总结 SUMMARY

# 年度回顾

私人年度书单：

关于收获：

关于缺憾：

关于感悟：

关于期许：

# 年度总结

四季更替，又是一年回首，感恩所有的遇见。

凡是过往，皆为序章
凡是未来，皆有可期

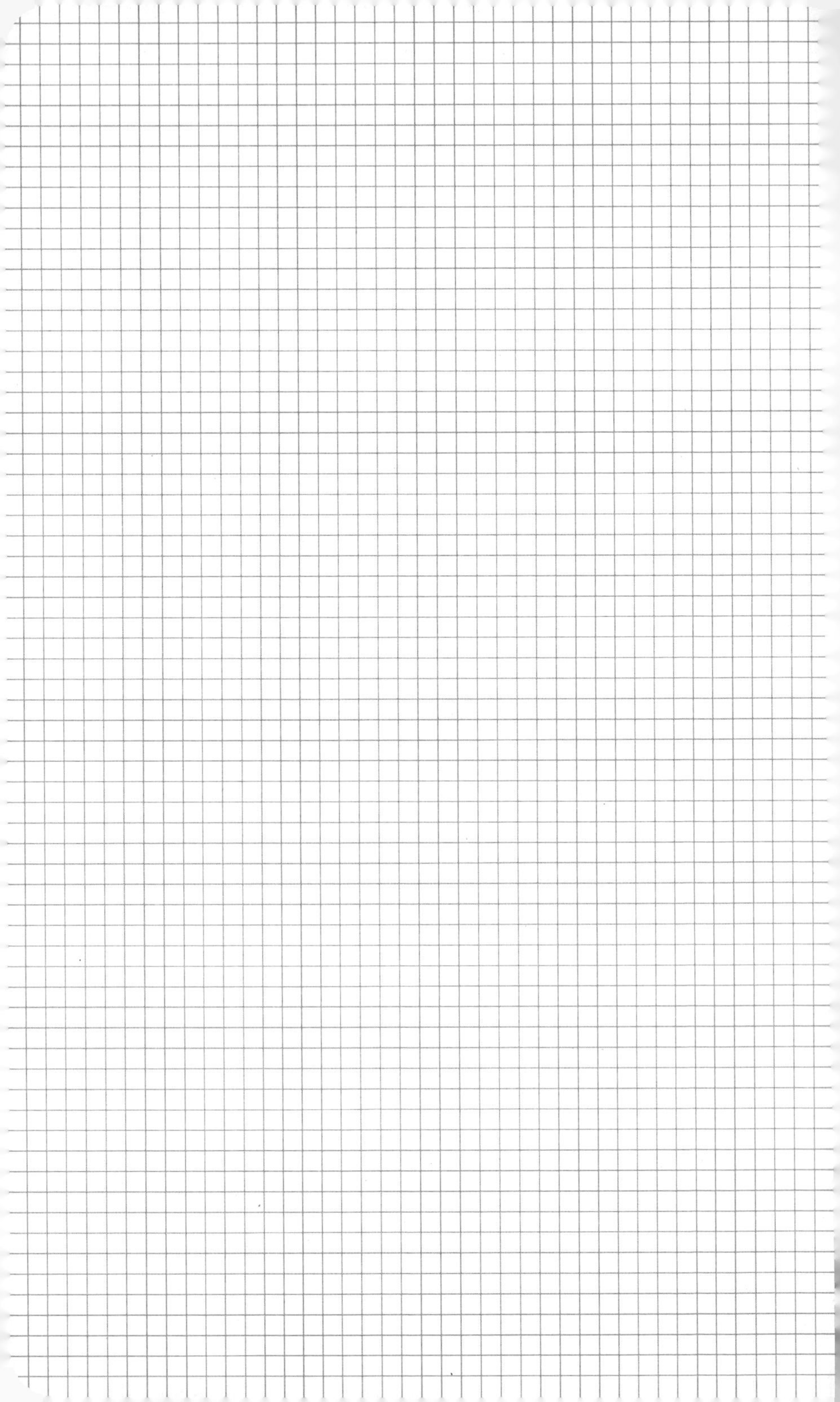

**图书在版编目（CIP）数据**

效率手册 . 旅游 / 靳一石编著 . —北京：金盾出版社，2023.10
ISBN 978-7-5186-0826-3

Ⅰ . ①效…　Ⅱ . ①靳…　Ⅲ . ①本册　Ⅳ . ① TS951.5

中国国家版本馆 CIP 数据核字（2023）第 195848 号

**效率手册 · 旅游**

靳一石　编著

---

| | | | |
|---|---|---|---|
| **出版发行：** | 金盾出版社 | **开　本：** | 880mm × 1230mm　1/32 |
| **地　　址：** | 北京市丰台区晓月中路 29 号 | **印　张：** | 8.5 |
| **邮政编码：** | 100165 | **字　数：** | 200 千字 |
| **电　　话：** | （010）68176636　68214039 | **版　次：** | 2023 年 10 月第 1 版 |
| **传　　真：** | （010）68276683 | **印　次：** | 2023 年 10 月第 1 次印刷 |
| **印刷装订：** | 北京鑫益晖印刷有限公司 | **印　数：** | 3000 册 |
| **经　　销：** | 新华书店 | **定　价：** | 56.80 元 |

在感受，在记录，在珍惜